BEI GRIN MACHT SICH IHR WISSEN BEZAHLT

- Wir veröffentlichen Ihre Hausarbeit, Bachelor- und Masterarbeit

- Ihr eigenes eBook und Buch - weltweit in allen wichtigen Shops

- Verdienen Sie an jedem Verkauf

Jetzt bei www.GRIN.com hochladen und kostenlos publizieren

Bibliografische Information der Deutschen Nationalbibliothek:

Die Deutsche Bibliothek verzeichnet diese Publikation in der Deutschen National-bibliografie; detaillierte bibliografische Daten sind im Internet über http://dnb.d-nb.de/ abrufbar.

Impressum:

Copyright © 2016 GRIN Verlag
Druck und Bindung: Books on Demand GmbH, Norderstedt Germany
ISBN: 9783668437098

Dieses Buch bei GRIN:

https://www.grin.com/document/356800

Thorsten Spengler

Zentralschmieranlagen. Allgemeines, Beschreibung einzelner Komponenten und Marktbeispiele

GRIN Verlag

Zentralschmieranlagen

Studienarbeit

09.12.2016

Inhaltsverzeichnis

Abbildungsverzeichnis

Symbolverzeichnis

Symbol		Einheit		Beschreibung
%	-	-	-	Prozent
$\dot{V}$	-	cm^3/Hub	-	Volumenstrom
p	-	bar	-	Druck

1. <u>Einleitung und Aufgabenstellung</u>

Die Schmiertechnik spielt in der modernen Industrie eine allgegenwärtige Rolle. Nahezu überall, wo bewegte Teile aufeinander treffen, tritt Reibung und damit Verschleiß auf.

Jedoch ist Schmierung keine moderne Erfindung. Die ältesten Erwähnungen gehen auf frühe menschliche Hochkulturen wie die Sumerer oder Ägypter zurück. Auf Wandreliefs ist überliefert, wie beim Transport großer Steinmonumente auf Kufen diese mit Wasser, Tier- und Pflanzenöl oder auch Bitumen (aus dem Boden austretendes Erdöl) geschmiert wurden. Die ersten wissenschaftlichen Arbeiten auf dem Themengebiet der Tribologie erfolgten um das Jahr 1500 durch Leonardo Da Vinci.

Trotzdem nahmen die rapiden Fortschritte in der Schmiertechnologie erst mit der industriellen Revolution ihren Anfang, unter anderem auch, da erst ab hier preiswerter, mineralölbasierter Schmierstoff zur Verfügung stand. [1]

Schätzungen des Bundesministerium für Forschung und Technologie zufolge belaufen sich die aus Reibung und Verschleiß resultierenden jährlichen Verluste der Industrieländer auf 4,5 % des Bruttonationaleinkommens (Bruttosozialprodukts). Umgerechnet auf Deutschland im Jahr 2015 wären dies mehr als 130 Milliarden Euro. [2]

Dies sorgt nicht nur für einen enormen finanziellen Aufwand, sondern widerspricht auch einem umweltbewussten, ökologischen Ansatz der Industrie.

Durch moderne Schmiertechnik lassen sich Reibung und Verschleiß stark minimieren.

Um jedoch allen Anforderungen an eine optimale Schmierung gerecht zu werden, reicht das händische Schmieren von Reibungspunkten schon lange nicht mehr aus.

In modernen Anlagen sind Schmierstellen sehr oft von außen nicht zugänglich, benötigen exakte Mengen an Schmierstoff zu bestimmten Zeiten oder sind schlicht zu zahlreich, als dass eine manuelle Schmierung effizient wäre.

Daher benötigen viele Maschinen und Anlagen sogenannte Zentralschmieranlagen, welche den Schmierstoff in exakten Mengen zur Schmierstelle transportieren.

Diese Studienarbeit befasst sich mit dem allgemeinen Aufbau einer Zentralschmieranlage.

Weiterhin sollen die einzelnen Komponenten der verschiedenen Zentralschmiersysteme betrachtet und dann auf dem Markt befindliche Produkte ermittelt, beschrieben und bewertet werden. Zum besseren Verständnis wird im Folgenden zuerst auf allgemeine Grundlagen der Tribologie eingegangen.

2. <u>Tribologie</u>

Laut DIN 50323 ist Tribologie die Wissenschaft von aufeinander einwirkenden Oberflächen, die in Relativbewegung zueinander stehen.

Das Themenfeld der Tribologie teilt sich in die drei Teilgebiete Reibung, Verschleiß und Schmierung auf. [3]

Die Tribologie arbeitet mit sogenannten tribologischen Systemen, da Reibung und Verschleiß keine Material-, sondern Systemeigenschaften sind und daher nicht durch einfache Werkstoffkenndaten (wie beispielsweise Härte und Elastizitätsmodul) gekennzeichnet werden können. Die Systemeigenschaften ergeben sich erst aus der Berücksichtigung und Analyse der Parameter des gesamten tribologischen Systems. [4]

2.1. Reibung

Reibung beschreibt einen Bewegungswiderstand, welcher sich als Widerstandskraft sich berührender Körper gegen die Einleitung einer Relativbewegung (Ruhereibung, statische Reibung) oder deren Aufrechterhaltung (Bewegungsreibung, dynamische Reibung) äußert. [4]

Es werden je nach Literatur verschieden viele Arten von Reibung unterschieden: [5]

- Gleitreibung
- Rollreibung
- Wälzreibung
- Bohrreibung
- Festkörperreibung
- Flüssigkeitsreibung
- Gasreibung
- Mischreibung

Da für die Schmiertechnologie hauptsächlich die Flüssigkeitsreibung, die Festkörperreibung und deren Mischform, die Mischreibung, von Bedeutung sind, wird im Folgenden nur auf diese genauer eingegangen.

2.1.1. Festkörperreibung

Festkörperreibung bezeichnet Reibung beim unmittelbaren Kontakt fester Körper. [4]

Dies ist für die meisten industriellen Anwendungen unerwünscht, da es in Folge der Festkörperreibung zu Abrieb kommt. Wie in der Abbildung zu erkennen verhaken sich dabei die beiden Oberflächen ineinander.

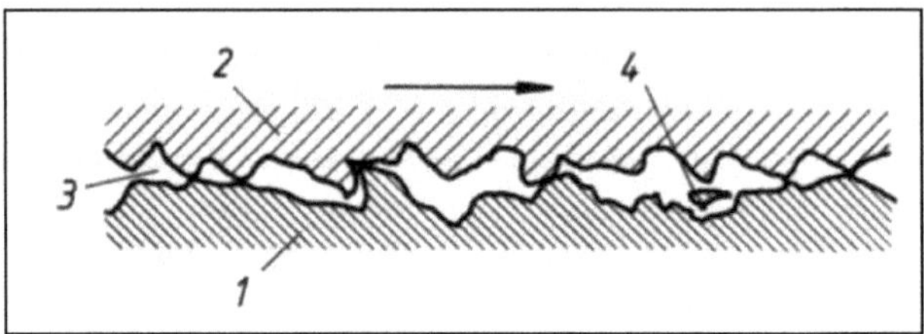

Abbildung 1: Festkörperreibung (1. Werkstoff A, 2. Werkstoff B, 3. Hohlraum, 4. Abrieb) [6]

Der im Hohlraum zurückbleibende Abrieb verstärkt die Reibungswirkung noch weiter.

2.1.2. Flüssigkeitsreibung

Die Flüssigkeitsreibung beschreibt den Reibungszustand zweier Körper bei optimaler Schmierung. Der Schmierstofffilm trennt die beiden Körper des tribologischen Systems permanent voneinander und es kommt infolgedessen zu keinem Abrieb.

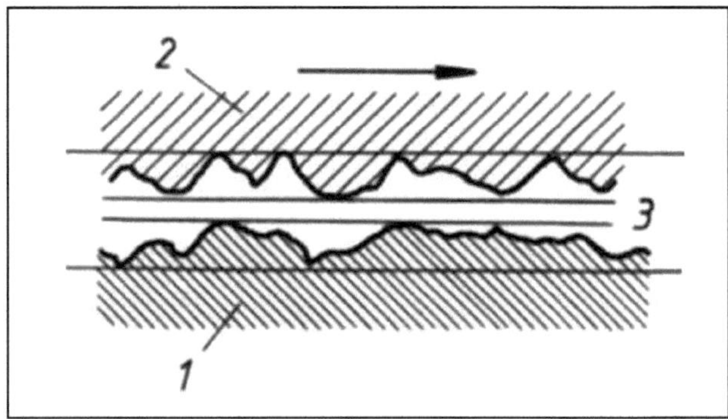

Abbildung 2: Flüssigkeitsreibung (1. Werkstoff A, 2. Werkstoff B, 3. Schmierfilm) [7]

2.1.3. Mischreibung

Als Mischreibung wird der Zustand bei Koexistenz von Festkörper- und Flüssigkeitsreibung bezeichnet. [4]

Auch bei Beginn der Bewegung zweier Reibpartner kann Mischreibung auftreten, da sich hier die Ober- beziehungsweise die Gleitflächen punktuell berühren.

Im Dauerbetrieb ist Mischreibung zu vermeiden, da es auch hier zu Abrieb kommt. [8]

2.2. Verschleiß

Verschleiß ist eine Folgeerscheinung von Reibung. Er bezeichnet einen Materialverlust aus der Oberfläche eines festen Körpers, welcher durch mechanische Ursachen (Kontakt und Relativbewegung eines Gegenkörpers) hervorgerufen wird.

Zu erkennen ist Verschleiß am Auftreten von sogenannten Verschleißpartikeln, kleine, von der Oberfläche losgelöste Teilchen. Außerdem können Stoff- und Formänderungen in der beanspruchten Oberflächenschicht erscheinen.

Im Großteil aller technischen Anwendungen ist Verschleiß wertmindernd und daher unerwünscht. Verschlissene Bauteile müssen instand gesetzt oder ausgetauscht werden, da die Funktion durch den Verschleiß eingeschränkt wird.

Im Ausnahmefall können Verschleißvorgänge technisch jedoch auch erwünscht sein. Dies ist zum Beispiel bei Einlaufvorgängen von Maschinen der Fall. Dabei wird der Verschleiß von Rauheitsspitzen von Bauteilen bewusst in Kauf genommen, da danach die Tragfähigkeit dieser Bauteile für den Dauerbetrieb erhöht ist.

Wertbildende technologische Vorgänge wie zum Beispiel die spanende Verarbeitung werden in Bezug auf das Werkstück nicht als Verschleiß bezeichnet. Jedoch treten auch hier im Grenzbereich zwischen Werkstück und Werkzeug tribologische Prozesse wie beim Verschleiß auf. [9]

2.3. Schmierung

Reibung und Verschleiß lassen sich in kaum einem Fall ganz verhindern. Jedoch dient Schmierung als wichtigste Maßnahme dazu, diese weitgehend einzuschränken.

Dabei ist eine vollständige Trennung von Grund- und Gegenkörper anzustreben, welche über die Zufuhr von Schmiermitteln verwirklicht wird. Für die Schmiermittelversorgung stehen drei verschiedene Verfahren zur Verfügung:

- Lebensdauerschmierung
- Verbrauchsschmierung
- Umlaufschmierung

Bei der Lebensdauerschmierung wird eine Reibstelle einmalig mit Schmierstoff ausgestattet, der bis zum Ende der geplanten Nutzungsdauer nicht ausgetauscht oder erneuert werden muss. Weit verbreitet ist die Anwendung dieses Verfahrens zum Beispiel bei Wälzlagern. Im Gegensatz dazu muss bei der Verbrauchsschmierung der Schmierstoff nach Gebrauch erneuert beziehungsweise bei Bedarf ausgetauscht werden. Die Umlaufschmierung bezeichnet einen Schmierstoffkreislauf. Der Schmierstoff wird also nicht nur einmal verwendet, sondern wird nach Gebrauch aufbereitet und der Schmierstelle danach wieder zugeführt.

Sowohl Verbrauchs- als auch Umlaufschmierung spielen in der Zentralschmiertechnik eine wichtige Rolle, daher wird später wieder auf sie eingegangen werden. [10]

Doch nicht nur das Verfahren an sich spielt bei der Schmierung eine wichtige Rolle, sondern auch das Schmiermedium. Im Folgenden wird ein kurzer Überblick über die wichtigsten Schmierstoffklassen gegeben.

2.3.1. Schmieröl

Schmieröle werden ihrer Herkunft nach unterteilt in Mineralöle, tierische/pflanzliche Öle, synthetische Öle und sonstige Öle. Dabei besitzen die Mineralöle auf Erdöl- und teilweise auf Kohlebasis die größte Bedeutung, da sie das größte Anwendungsspektrum abdecken. Synthetische Öle finden meist bei hohen Temperaturen und starken Beanspruchungen Verwendung.

Tierische und pflanzliche Öle wie Fisch-, Oliven- oder Rizinusöl werden für spezielle Anwendungen zum Beispiel in der Feinwerktechnik verwendet.

Industriell verwendete Schmieröle sind meist noch sogenannte Additive beigemischt. Diese öllöslichen Zusätze sorgen beispielsweise für einen besseren Korrosionsschutz.

Neben der Reibungs- und Verschleißminderung schützen Schmieröle auch vor Korrosion und dienen dem Abtransport von Wärme und anderen Störpartikeln von der Reibstelle. [4]

2.3.2. Schmierfett

Oftmals ist die Schmierung mit Öl nicht sinnvoll, da sie technisch sehr aufwendig zu realisieren und damit nicht wirtschaftlich sein kann. Dies ist beispielsweise der Fall, falls das Öl von der Schmierstelle abtropft und eine ständige Ölzufuhr nicht möglich ist, oder auch, wenn eine Abdichtung gegen Schmutz nötig ist.

Hier kommen Schmierfette zum Einsatz. Diese bestehen aus einem Schmieröl mit oder ohne Additive und einer Seife als eindickendem Stoff. Die Seife liegt als faserartiges Gerüst vor, in welchem das Schmieröl festgehalten wird.

Schmierfette besitzen eine sehr viel höhere Viskosität, das heißt sie sind sehr viel zähflüssiger, als Schmieröl. Dadurch schützen sie effektiver gegen Schmutz und machen oftmals eine weitere Abdichtung (z.B. gegen Wasser oder Fremdpartikel) überflüssig.

Außerdem wird der flüssige Schmierstoff durch langsame Separation abgegeben.

Um die Viskosität von Fett beurteilen zu können, werden die verschiedenen Fette in sogenannte NLGI-L-Klassen eingeteilt. Dabei wird die Walkpenetration des Fettes gemessen. Je nach Viskosität wird dann unterschieden in Fließfette (Klasse 000 bis 0), weiche Fette (Klasse 1 bis 3), normale Fette (Klasse 4 bis 5) und feste Fette (Klasse 6). [4] [5]

3. <u>Allgemeine Beschreibung von Zentralschmieranlagen</u>

Wie in der Einleitung bereits beschrieben, werden Zentralschmieranlagen eingesetzt, um verschiedenste schmiertechnische Aufgaben zu erledigen, für welche die manuelle händische Schmierung nicht ausreichend oder zu aufwendig ist.

Der Begriff „Zentralschmieranlage" legt dabei jedoch nicht fest, für welches Einsatzgebiet oder welche Aufgabe die Schmiereinrichtung verwendet wird.

Zentralschmieranlagen sind hinsichtlich des Anwendungsgebietes extrem flexibel. Um trotzdem dem Anspruch gerecht zu werden, alle schmiertechnischen Aufgaben korrekt erfüllen zu können, sind die technischen Ausarbeitungen von Zentralschmieranlagen sehr unterschiedlich.

Daher werden Zentralschmieranlagen in verschiedene Systeme gegliedert, um die verschiedenen Bauarten voneinander unterscheiden zu können.

3.1. Einteilung von Zentralschmieranlagen

Nach DIN 24271-1 werden Zentralschmieranlagen nach ihrer Funktionsweise eingeteilt.

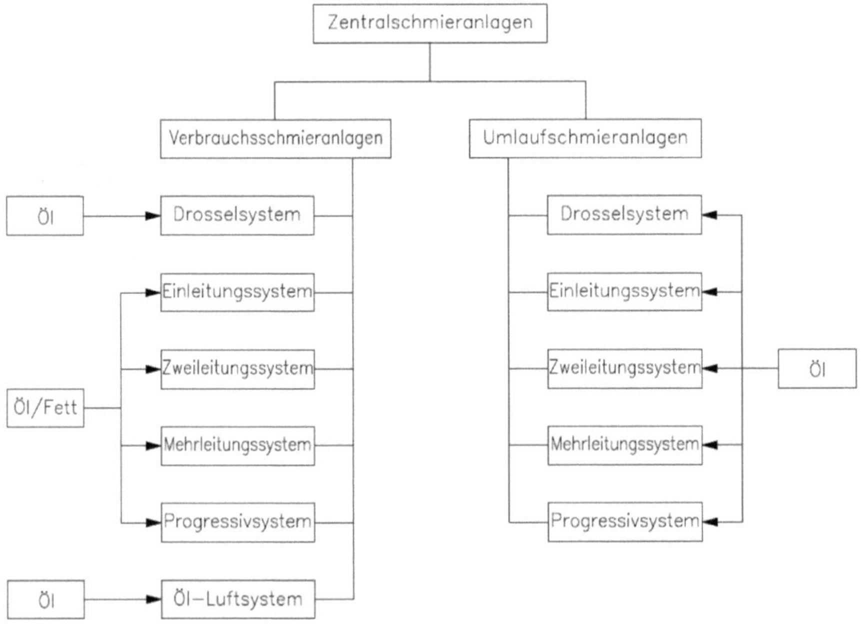

Abbildung 3: Einteilung von Zentralschmieranlagen [11]

Eine generelle Unterteilung findet zwischen den Verbrauchsschmieranlagen und den Umlaufschmieranlagen statt. Dabei fällt auf, dass die Untergliederungen von den beiden Hauptanlagentypen fast identisch sind (lediglich das Öl-Luftsystem fehlt lässt sich nicht als Umlaufschmieranlage realisieren) und sich nur durch den verwendbaren Schmierstoff unterscheiden.

Im Folgenden soll daher zuerst auf die Untersysteme am Beispiel der Verbrauchsschmieranlage eingegangen werden und danach auf die Umlaufschmieranlage als Sonderform der Zentralschmieranlagen. [12]

Für Zentralschmieranlagen bestehen verschiedene, wichtige Beurteilungskriterien.

Als erstes, wie auch in Abbildung 3 deutlich wird, ist der verwendete Schmierstoff entscheidend für die spätere Funktionsweise. Mit Fett-Zentralschmieranlagen lassen sich beispielsweise im Allgemeinen höhere Betriebsdrücke fahren im Vergleich zu Öl-Zentralschmieranlagen.

Ein weiteres Kriterium ist die Schmierstellenanzahl und die Anordnung der Schmierstellen. Die Frage ob nur einige wenige, lokal konzentrierte oder sehr viele, weitläufig verstreute Schmierstellen versorgt werden müssen ist entscheidend für die Wahl eines geeigneten Schmiersystems.

Damit zusammenhängend ist auch die räumliche Ausdehnung der zu schmierenden Maschine.

Die folgenden zwei Diagramme sollen einen ungefähren Überblick über das Leistungsspektrum der verschiedenen Zentralschmiersysteme geben, indem zuerst für Öl und dann für Fett die räumliche Ausdehnung des Schmiersystems auf die Anzahl der Schmierstellen abgetragen wird.

Hierbei muss jedoch erwähnt werden, dass dies nur eine Vereinfachung beziehungsweise Verallgemeinerung der tatsächlichen Verhältnisse in der Praxis ist. Beispielsweise sind sowohl die maximale Ausdehnung von 100 Metern als auch die maximale Schmierstellenanzahl von 1000 ist nicht unbedingt gegeben. Viele spezialisierte Hersteller sind in der Lage diese Werte zu überbieten. Auch die strikte Abgrenzung mancher Systeme zueinander ist in der Realität kaum zu finden. Jedoch verschaffen die Abbildungen einen ersten Überblick auf die Verhältnisse der Systeme zueinander.

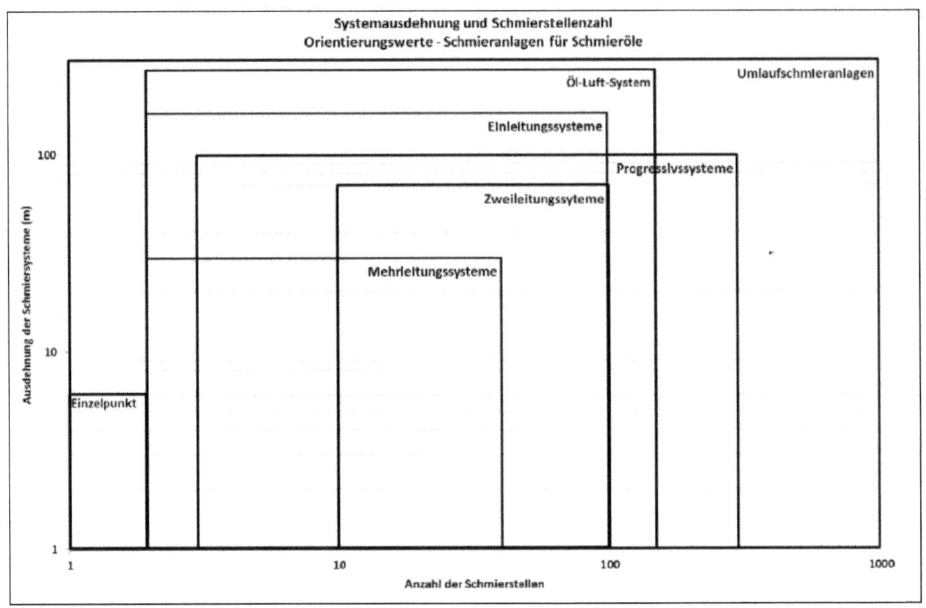

Abbildung 4: Vergleich von Schmiersystemen für Ölschmierung [13]

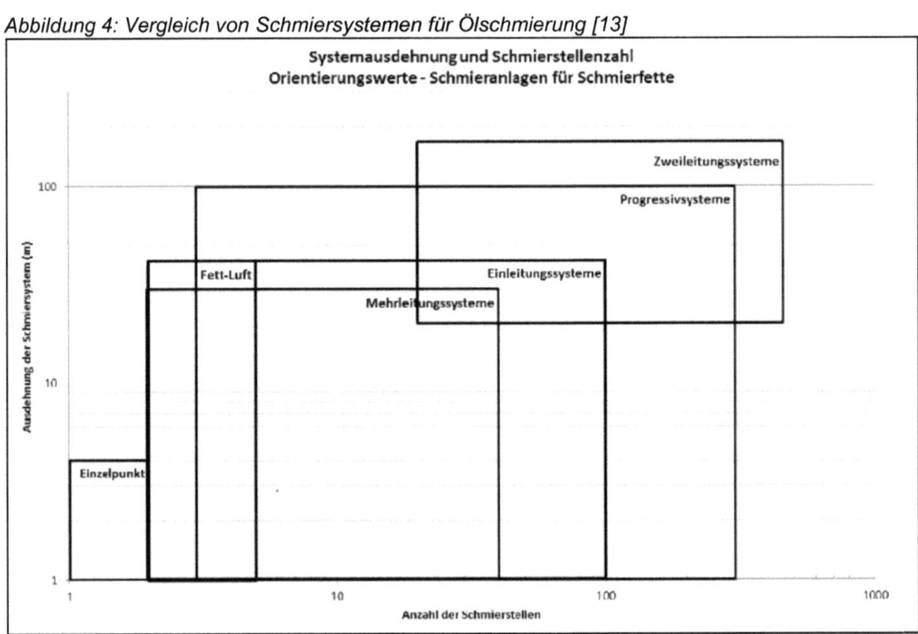

Abbildung 5: Vergleich von Schmiersystemen für Fettschmierung [13]

Es fällt auf, dass gerade bei der Öl-Schmierung die Umlaufanlagen universell einsetzbar sind und den kompletten Bereich des Diagramms abdecken. Sie sind im Vergleich zu den anderen Systemen aber auch sehr viel teurer, weshalb es auf keinen Fall sinnvoll ist, generell immer diesen Anlagentyp einzusetzen.

Die markanteste Gemeinsamkeit der Öl- und Fettschmieranlagen in diesen Diagrammen ist die zentral mittig gelegene und einen großen Bereich abdeckende Position der Progressivsysteme. Diese decken auch in der Praxis entweder als Einzelsystem oder in Kombination mit anderen Systemen ein Großteil der zu bewältigenden Schmieraufgaben ab. [13]

3.2. Das Einleitungssystem

Das Einleitungssystem ist eine günstige und einfach in Maschinen zu integrierende Universalschmieranlage. Es können problemlos bis zu 100 Schmierstellen mit Maximalanlagenausdehnung von 30 Metern versorgt werden.

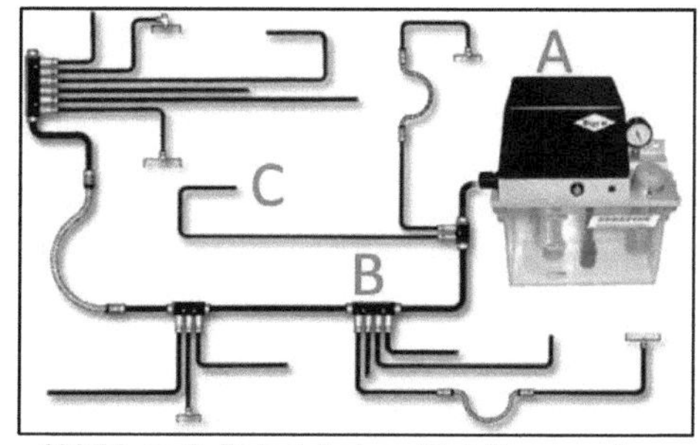

Abbildung 6: Beispiel eines Einleitungssystems [14]

Damit sind die möglichen Einsatzgebiete sehr breit gefächert: Einleitungssysteme sind in Werkzeugmaschinen, Presswerken oder im sonstigen Maschinenbau anzutreffen.

Eine Schmierpumpe (A) fördert den Schmierstoff in die Hauptleitung, von wo das Schmiermedium über spezielle Einleitungsverteiler (B) weiter zu den Schmierstellen (C) transportiert wird.

Beim Einleitungssystem arbeitet die Förderpumpe intermittierend, das heißt der Druck wird in der Hauptleitung immer nur taktweise aufgebaut. In der Zwischenzeit findet eine Druckentlastung der Hauptleitung statt.

Die Schmierstoffverteiler werden unterteilt in Vorschmier- und Nachschmierverteiler. Beim Vorschmierverteiler erfolgt die Förderung des Schmierstoffs an die Schmierstelle während des Druckaufbaus in der Leitung, beim Nachschmierverteiler beim oder nach dem Entlasten der Hauptleitung.

Die Funktion beider Verteilertypen ist dieselbe: Der Schmierstoff wird hier dosiert, je nach Bedarf an der Reibstelle.

Betrachtet man jedoch den Druck-Zeit-Verlauf ergeben sich verschiedene Abläufe.

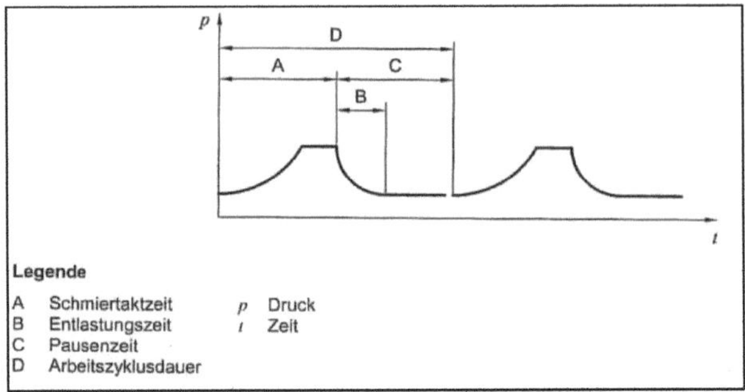

Abbildung 7: Zeitlicher Druckverlauf eines Einleitungssystems mit Vorschmierverteiler [12]

Während des Druckaufbaus der Pumpe (Abschnitt A) wird, nachdem die Reibwiderstände und eventuelle Gegendrücke an der Reibstelle überwunden wurden, direkt der Schmierstoff vom Vorschmierverteiler an die Reibstelle abgegeben. Dies geschieht ohne große Verzögerung, da der direkt an der Pumpe sitzende Verteiler keine Pufferwirkung hat. Danach folgt die Entlastungszeit (Abschnitt B) und das System pausiert bis ein neuer Schmiertakt erfolgen soll.

Anders sieht es bei einem Einleitungssystem mit Nachschmierverteiler aus:

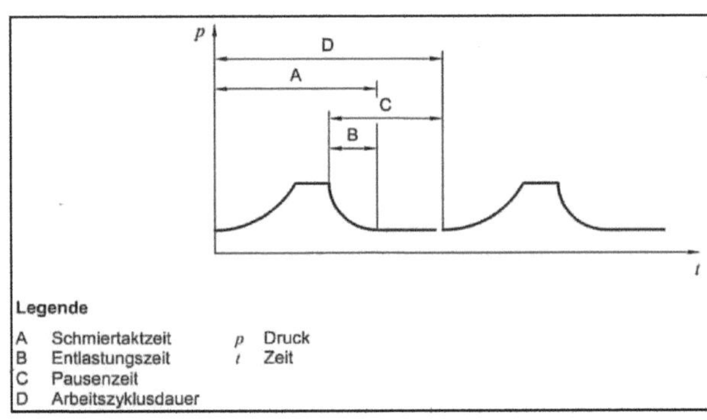

Abbildung 8: Zeitlicher Druckverlauf eines Einleitungssystems mit Nachschmierverteiler [12]

Hier überschneiden sich Schmiertaktzeit A und Pausenzeit C, da die Entlastungszeit B in die Schmiertaktzeit A integriert ist. Dies ist dadurch begründet, da die Pumpe zuerst den Druck in den Leitungen bis zum Nachschmierverteiler aufbauen muss und dann den Druck im Verteiler selbst, um den Dosiermechanismus auszulösen.

Die Schmierstoffweitergabe erfolgt hier über eine längere Zeit, da die Reibwiderstände bis zur Reibstelle höher sind.

Der genaue Unterschied wird später in Abschnitt 4.2.1 erklärt.

Bei beiden Systemen ist der Maximaldruck durch ein Druckbegrenzungsventil festgelegt, um die Leitungen und Bauteile zu schützen.

Letztlich besitzen beide Varianten die Vorteile eines Einleitungssystems: Sie sind einfach erweiterbar, da die Größe der Schmieranlage nur von der Förderleistung der Pumpe begrenzt ist, und die Leitungen ab den Verteilern sind unabhängig voneinander (das System stoppt nicht, wenn eine Leitung verstopft ist). Dies ist zum Beispiel bei den Progressivsystemen nicht der Fall, da hier die Verteiler anders arbeiten. [12] [14]

3.3. Das Zweileitungssystem

Zweileitungssysteme kommen bei großen bis sehr großen Maschinen (beispielsweise in Kraftwerken, im Bergbau oder in der Zementindustrie) zum Einsatz. Diese Art von Schmieranlage ist in der Lage mehr als 1000 Reibstellen gleichzeitig über große Distanzen mit Schmierstoff zu versorgen.

Das Zweileitungssystem besteht aus zwei Teilschmierkreisen, welche nacheinander abgeschmiert werden. Dazu befindet sich nach der

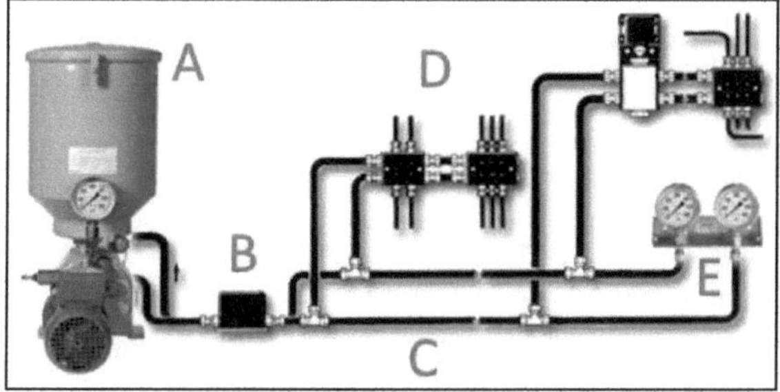

Abbildung 9: Beispiel eines Zweileitungssystems [15]

Förderpumpe (A) ein 4/2-Umsteuerventil (B) (oder zwei 3/2-Wegeventile) und am Leitungsende ein Schaltgerät (E). Falls in der ersten Hauptleitung ein bestimmter Druck erreicht wird, wird über das Schaltgerät und die Ventile die erste Hauptleitung entlastet und die zweite Hauptleitung freigegeben. Während die Hauptleitungen sich durch die ganze Maschine ziehen, werden die Verteiler in Reibstellennähe angebracht. Dies spart Material- und Montageaufwand.

In folgendem Diagramm ist der Druckverlauf während eines Arbeitszyklus dargestellt.

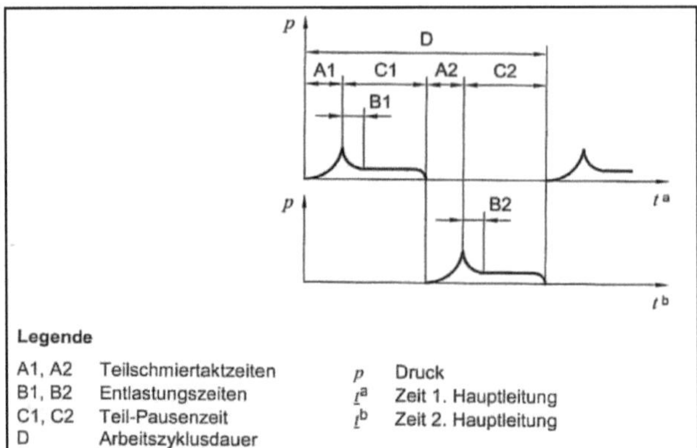

Abbildung 10: Zeitlicher Druckverlauf eines Zweileitungssystems [12]

Sobald der Teilschmierzyklus und die Teilentlastungszeit der ersten Hauptleitung abgelaufen sind, startet der Teilschmierzyklus der in der zweiten Hauptleitung.

Über entsprechende Software wird gesteuert, zu welcher Zeit welche Anzahl an kompletten Arbeitszyklen ablaufen und wann pausiert werden soll.

Die Dosiermenge der Verteiler ist bauartbedingt abhängig vom Gegendruck. [12] [15]

3.4. Das Mehrleitungssystem

Bei der klassischen Mehrleitungsanlage besitzt die Förderpumpe mehrere Auslässe. Von diesen führen einzelne Leitungen direkt bis zu einer Reibstelle.

Solange die Pumpe läuft, wird diese kontinuierlich mit Schmierstoff versorgt. Es findet abgesehen von einem bestimmten Kolbenhub der Pumpe keine weitere Dosierung des Schmierstoffs statt. Daher spricht man hier auch nicht von Arbeits- oder Schmierzyklen, sondern allgemein von einer Schmierzeit.

Durch die begrenzte Anzahl an Auslässen einer Schmierstoffpumpe können mit Mehrleitungssystemen je nach Anbieter meist bis zu 32 Schmierstellen gleichzeitig versorgt werden. Jedoch ist dabei auch zu beachten, dass diese nicht beliebig weit auseinander liegen können.

Das Mehrleitungssystem ist also für kleine bis mittelgroße Maschinen (zum Beispiel Pressen, Stanzmaschinen, diverse Werkzeugmaschinen, aber auch Kräne, Aufzüge und Bagger) geeignet.

Oftmals werden einige Leitungen des Mehrleitungssystems um Progressivverteiler ergänzt, um die Anzahl der Schmierstellen zu erhöhen. [12] [16]

3.5. Das Progressivsystem

Das Progressivsystem ist sehr universell einsetzbar, da es sowohl eine relativ große Anzahl an Schmierstellen, als auch eine große mögliche Anlageausdehnung und dementsprechend hohe Flexibilität der Zentralschmieranlage in sich vereint.
Ein einzelnes Progressivsystem kann meist zwischen 150 und 250 Schmierstellen versorgen.

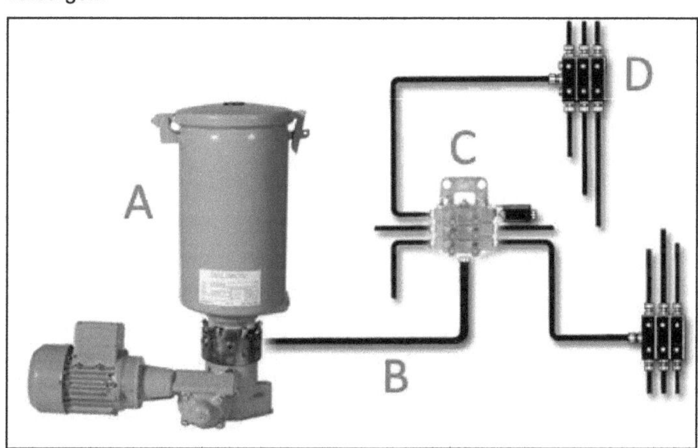

Abbildung 11: Beispiel einer Progressivsystems [17]

Eine Förderpumpe (A) fördert Schmierstoff über die Hauptleitung (B) in den Hauptverteiler (C). Von dort werden die abführenden Leitungen befüllt, welche sowohl direkt zu einer Schmierstelle führen können, meist aber in einen weiteren Unterverteiler (D). Die Unterverteiler teilen den Schmierstoff auf weitere Schmierstellen auf.

Beim Progressivsystem werden ausschließlich sogenannte Progressivverteiler verwendet, auf deren spezielle Eigenschaften und Vorteile später eingegangen wird.
Die Pumpe arbeitet jedoch wie beim Zweileitungs- und beim Mehrleitungssystem.

Aufgrund des fortgeführten (progressiven) Aufbaus mit gestaffelten Verteilern ist es hier schwierig, einen allgemeinen Druckverlauf über die gesamte Anlage zu erstellen.
Bei Progressivverteilern ist es sehr einfach festzustellen, wann diese einmal umgelaufen sind (jeder Kolben sich einmal bewegt hat), da sich die Kolben bauartbedingt in einer festen Reihenfolge bewegen. Es muss also nur ein Kolben überwacht werden, um festzustellen, ob Bewegung bei allen Kolben stattgefunden hat.
Deswegen können diese Schmieranlagen trotzdem über die Anzahl der Schmierzyklen gesteuert werden und nicht unbedingt nur über eine bestimmte Schmierzeit.

Außerdem führt dies dazu, dass die Schmierstellen zwangsläufig nacheinander in einer festen Reihenfolge abgeschmiert werden.

Die Dosierung des Schmierstoffes findet hier auch in den Verteilern statt: Der Hauptverteiler legt zuerst die Verhältnisse fest, in denen die Unterverteiler Schmierstoff bekommen, und diese dosieren dann den Schmierstoff, welcher der Reibstelle zugeführt wird.

Progressivsysteme werden oftmals mit Mehrleitungssystemen kombiniert, um die Vorteile verschiedener Systeme zu nutzen. Sind beispielsweise an einer bestimmten Stelle einer Maschine relativ viele Reibstellen, wird hier ein Progressivverteiler verbaut, anstatt diverse Leitungen zu verlegen.

Mit Progressivsystemen können nahezu alle Maschinentypen geschmiert werden. Begrenzt ist das Einsatzgebiet, wie bei den anderen Schmiersystemen auch, nur durch Anzahl der Schmierstellen und der Ausdehnung der Anlage beziehungsweise den Reibungswiderständen in den Bauteilen. Gerade beim Progressivsystem sind diese aber im Vergleich zu anderen Systemen relativ hoch. [17] [12]

3.6. Das Öl-Luft-System

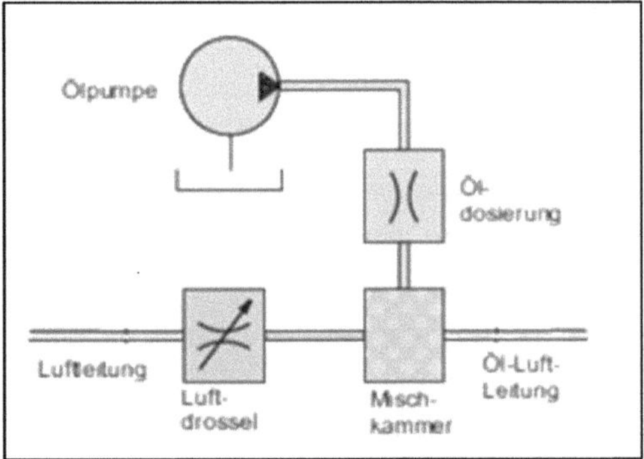

Abbildung 12: Allgemeiner Aufbau einer Öl-Luft-Schmierung [18]

Die Öl-Luft-Schmierung findet im hoch technisierten Maschinen- und Anlagenbau Anwendung.

Eine Ölpumpe fördert Schierstoff in eine Vordosieranlage und von dort aus weiter in eine Mischkammer. In dieser wird der Schmierstoff mit Druckluft vermischt. Das Öl-Luft- Gemisch wird dann weiter zur Schmierstelle transportiert. Oft bestehen die Vordosierung und die Mischkammer aus einer Einheit, die auch gleichzeitig als Verteiler fungiert. Je nach Anbieter besteht das System aus einem um einen solchen Misch-Verteiler-Block erweitertes Progressivsystem oder aus einer eigenständigen Anlage.

Das Öl gelangt in kleinsten Mengen, aber nicht als Ölnebel, an der Reibstelle an und haftet gut und gleichmäßig an den Bauteilflächen. So wird gewährleistet, dass keine schädliche Überschmierung stattfindet. Außerdem hat diese Schmiertechnik noch weitere Vorteile:

Durch den ständigen Luftstrom wird das zu schmierende Bauteil einerseits gekühlt, andererseits wird ein Eindringen von Schmutz in die Schmierstelle verhindert.

Gerade bei empfindlichen Lagerspindeln oder schnelldrehenden Spindeln sind diese Vorteile der Schmierung essentiell.

Anders als bei den bisher vorgestellten Systemen ist es bei der Öl-Luft-Schmierung nicht möglich Fett als Schmiermedium zu verwenden. Dies liegt in der Viskosität von Fett begründet. Während Öl sich aufgrund seiner „flüssigen" Eigenschaften sehr gut zerstäuben lässt, neigt Fett dazu zu klumpen. Für Fett bestehen spezielle Sprühschmieranlagen, bei denen das Fett auf die Reibstelle gesprüht wird. Dies funktioniert über besondere Düsen und wird beispielsweise bei diversen Kettenschmierungen verwendet. [12] [18]

3.7. Das Drosselsystem

Drosselsysteme werden bei Maschinen mit großem Schmierstoffbedarf (beispielsweise Papiermaschinen) verwendet.

Das von einer Förderpumpe bewegte Schmiermedium wird hier über Drosselwiderstände auf die verschiedenen Leitungen aufgeteilt. Dabei liegt der von der Pumpe erzeugte Volumenstrom liegt ein Vielfaches über dem der anderen Schmiersysteme.

Verschiedene Arten von Volumenstrombegrenzern dosieren den Schmierstoff passend für die jeweilige Reibstelle.

Wie bei den Mehrleitungssystemen spricht man hier nicht von Schmiertakten, sondern aufgrund der kontinuierlichen Betriebsweise der Pumpe von einer Schmierzeit.

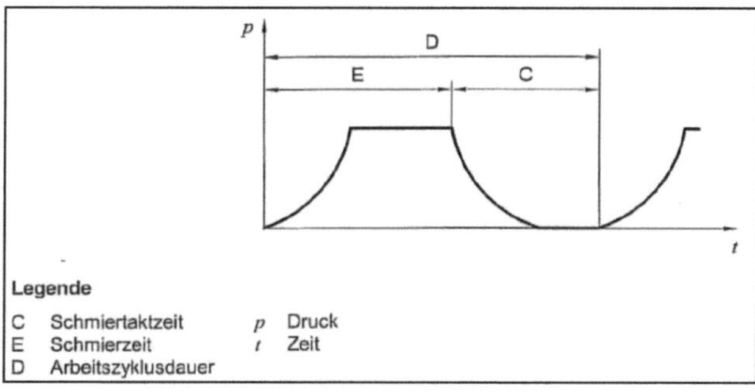

Abbildung 13: Zeitlicher Druckverlauf eines Drosselsystems [12]

Solange die Pumpe läuft baut sich Druck im System auf, bis der Maximaldruck erreicht und durch ein Ventil begrenzt wird. Danach findet eine Entlastung in Richtung der Schmierstellen statt.

Man kann von einem Zyklusbetrieb sprechen, falls mehrere Arbeitszyklen durch eine Steuerung nacheinander ausgelöst und wieder abgeschaltet werden, ansonsten liegt ein kontinuierlicher Betrieb vor. Der zeitliche Druckverlauf einer Drosselschmieranlage entspricht auch dem des Mehrleitungssystems.

Dass Drosselsysteme mit hohen Volumenströmen arbeiten, hat zwei weitreichende Konsequenzen für den Einsatz einer solchen Zentralschmieranlage. Zum einen ist der einsetzbare Schmierstoff auf Öl begrenzt, da sich mit dem zähflüssigeren Fett nicht ohne einen erheblichen Mehraufwand die benötigten Volumenströme erreichen lassen würden. Zum anderen wäre es unwirtschaftlich, dieses System als Verbrauchschmieranlage auszulegen. Ein hoher Schmierstoffverbrauch und damit verbundene hohe laufende Schmierstoffkosten wären die Folge. Daher werden diese Systeme fast ausschließlich als Umlaufschmieranlagen ausgelegt. [12] [18]

3.8. Die Umlaufschmieranlage

Zentralschmieranlagen mit einem Schmierstoffkreislauf werden auch Umlaufanlagen oder Öl-Umlaufanlagen genannt. Der Schmierstoff wird, nachdem er von der Anlage an die Reibstelle transportiert worden ist, wieder aufgefangen und zurück zum Schmierstoffreservoir befördert.

Dies ist lediglich mit dem Schmierstoff Öl möglich, da Fett beim Benutzen sehr schnell ausblutet (dabei wird das schmierende Öl aus dem Fett herausgedrückt) und seine Schmiereigenschaften verliert. Alle der bisher vorgestellten Systeme mit Ausnahme der Öl-Luft-Zentralschmieranlage sind als Umlaufanlage ausführbar.

Jedoch ist diese mit erheblichen Mehrkosten verbunden, da der verwendete Schmierstoff aufgefangen, gereinigt und wieder zurückbefördert werden muss.Meistens wird daher nur das Drosselsystem als Umlaufschmieranlage ausgeführt, da hier mit großen Schmiermengen gearbeitet wird, oder es werden zum Beispiel Progressivsysteme in die Anlage mit integriert.

Eine Umlaufanlage übernimmt neben dem reinen Schmieren auch andere Aufgaben, wie die der Temperaturregelung. Der Schmierstoff nimmt während dem Maschinenbetrieb Wärme auf und transportiert diese aus der Maschine heraus. Über einen Wärmetauscher kann dieser dann wieder abgekühlt werden. Bei Betrieb in kalten Umgebungen kann auch eine Heizung verbaut sein, um die Viskosität des Schmierstoffs zu erhalten.

Außerdem spült eine Umlaufanlage Verschleißpartikel aus der Reibstelle und filtert diese Aus dem Kreislauf heraus, verhindern Korrosionsschäden und scheiden Kondenswasser ab.

Abbildung 14: Beispiel eines Öl-Umlaufaggregats [19]

Im Bild ist ein beispielhafter Aufbau eines Öl-Umlaufaggregates dargestellt. Dabei fehlen die weiteren Leitungen zu den Reibstellen, daher die Bezeichnung „Aggregat". Zu sehen ist der im Vergleich zum Rest große Behälter, der das Schmierstoffreservoir darstellt. Dies wird in solcher Größe benötigt, um auch bei großem Bedarf und eventuellem kurzfristigen Ausfall der Rücklaufeinheit genügend Schmierstoff bereitzustellen.

Aufgrund der Behältergröße können alle anderen Apparaturen platzsparend auf diesem befestigt werden. Dies hat den Vorteil, dass beinahe die gesamte Wartung an einem Ort vorgenommen werden kann.

Weiter sind beispielsweise zwei Pumpen, die Förderpumpe und eine sogenannte Standby-Pumpe, zu erkennen. Beide Pumpen sind baugleich, die zweite Standby-Pumpe wird verbaut, um einen möglichen Ausfall der ersten Pumpe zu kompensieren und so einen wirtschaftlichen Totalausfall zu vermeiden. Außerdem sind weitere Filtereinheiten, Überwachungsgeräte und Ventile zu erkennen. Rechts im Bild ist der Steuerungs-und Bedienungskasten des Systems zu sehen. Die Anlage lässt sich, abhängig vom Anbieter, meist problemlos in die IT-Struktur des Betreibers integrieren und muss dann nicht mehr vor Ort bedient werden. [12] [18] [20] [21]

4. <u>Komponenten einer Zentralschmieranlage</u>

Damit eine Zentralschmieranlage korrekt funktioniert, sind verschiedene Komponenten unerlässlich.

Rechts ist der schematische Anlagenplan einer allgemeinen Zentralschmieranlage dargestellt.

Als Beispiel wurde eine Umlaufanlage gewählt, damit alle Komponenten aufgezeigt werden können.

Jede Zentralschmieranlage besteht aus einer Pumpe (1) und dem

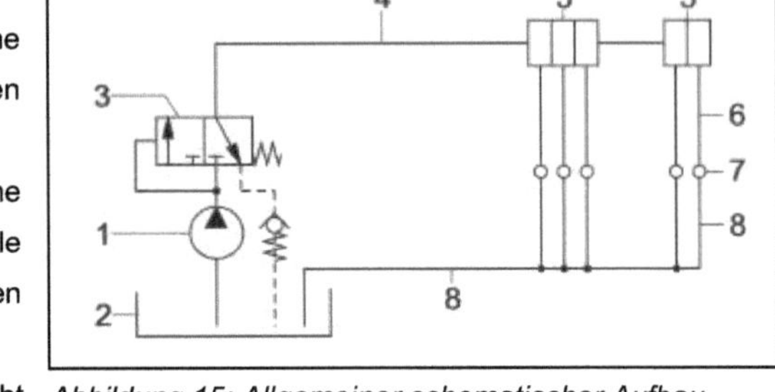

Abbildung 15: Allgemeiner schematischer Aufbau einer Zentralschmieranlage [22]

dazugehörigen Behälter beziehungsweise Schmierstoffreservoir (2). Je nach System oder Bauweise befindet sich nach der Pumpe beispielsweise ein Umschaltventil (3).

Die Pumpe fördert den Schmierstoff in die Hauptleitung (4) und von dort aus in verschiedene Schmierstoffverteiler (5). Die Schmierstellenleitungen (6) führen von den Verteilern zu den Schmierstellen (7). Eine Rücklaufleitung (8) sorgt dafür, dass der Schmierstoff wieder zum Behälter transportiert wird.

Neben den eben genannten Komponenten gibt es noch viele weitere, wie zum Beispiel Zubehör zur Überwachung der Zentralschmieranlage. Im Zuge dieser Arbeit soll aufgrund des Umfangs der Thematik jedoch nur auf die wichtigsten Komponenten eingegangen werden. [22]

4.1. Schmierstoffpumpen und Behälter

Die Schmierstoffpumpe ist die zentrale Einheit einer Zentralschmieranlage. Ihre Leistungsfähigkeit bestimmt die Leistungsfähigkeit des ganzen Schmiersystems.

Es existieren unzählige Varianten von Schmierstoffpumpen auf dem Markt, daher wird hier nur beispielhaft auf einige wenige eingegangen werden.

Die größten Unterschiede bestehen je nach Anwendungsgebiet, da sich die Funktionsweise der Pumpe je nach Schmiersystem stark unterscheiden kann.

Allgemein ist es die Aufgabe der Schmierstoffpumpe im System einen Druck aufzubauen, um den Schmierstoff vom Behälter bis zur Schmierstelle zu transportieren. In Zentralschmieranlagen werden oszillierende oder rotierende Verdrängerpumpen eingesetzt.

Bei einer Verdrängerpumpe erfolgt die Energieerhöhung des zu fördernden Mediums in getrennten Arbeitsräumen, die sich abwechselnd vergrößern (Ansaugphase) und verkleinern (Verdrängerphase). Es werden folglich einzelne Teilvolumen gefördert.

Die oszillierenden Verdrängerpumpen arbeiten nach dem Kolbenprinzip: Die Verkleinerung des Arbeitsraumes erfolgt durch einen hin- und hergehenden Verdränger beziehungsweise Kolben.

Im Gegensatz dazu werden bei rotierenden Verdrängerpumpen Arbeitsräume gebildet, die sich bei der Drehung im Saugraum nacheinander vergrößern (Ansaugphase) und im Druckraum verkleinern (Verdrängerphase), sodass eine Förderung entsteht. Beispiele hierfür sind die Flügelzellenpumpe, die Kreiselpumpe und die Schraubenspindelpumpe.

In Zentralschmieranlagen werden die Pumpen fast immer direkt mit einem Behälter verbaut, da kaum eine Pumpe ohne Behälter benutzt wird, und dies sowohl die Konstruktion der Pumpe, als auch die spätere Wartung enorm erleichtert. Eine seltene Alternative hierzu ist es, die Pumpe über eine extern angebrachte Saugleitung mit Schmierstoff zu befüllen.

Aus diesem Grund werden Behälter und Pumpe im selben Kapitel behandelt.

Ein Vorteil, diese beiden Komponenten zu kombinieren ist es beispielsweise, dass der Rührflügel, der für die Umwälzung des Schmierstoffs im Behälter zuständig ist, direkt auf der Pumpenwelle befestigt werden kann. Der Rührflügel wird beim Schmierstoff Fett benötigt, um ein Erstarren des Fetts bei längerem Stillstand zu verhindern.

Der Behälter beherbergt den Schmierstoff und führt ihn der Pumpe zu. Wichtige Kriterien beim Behälter sind das Material, die Größe und die Form. Einerseits sollte eine Pumpe so platzsparend wie möglich ausgeführt werden, andererseits führt ein kleiner Behälter auch zu kurzen Wartungsintervallen, da der Schmierstoff im Behälter schnell verbraucht ist.

Das Material entscheidet darüber, für welche Schmierstoffe ein Behälter geeignet ist, da manche Öle und Fette Behältermaterial angreifen und im schlimmsten Fall zerstören können.

Viele Behälter werden aus transparentem Material gefertigt, um eine einfache Sichtkontrolle des Füllstandes zu ermöglichen.

Auch die Behälterform ist entscheidend für die spätere Anwendung. Bei großen Öl-Behältern wie bei den Umlaufanlagen werden die Behälter so ausgeführt, dass sie gleichzeitig als Montagefläche für die anderen Bauteile dienen. Bei kleineren Behältern ist dies natürlich nicht möglich. Diese werden in ihrer Form so angepasst, dass sie gut mit der Schmierstoffpumpe verbunden werden können.

Zuerst soll auf die auf die Pumpe für ein Einleitungssystem eingegangen werden, da diese durch den intermittierenden Druckaufbau eine Sonderstellung gegenüber den anderen Pumpen besitzt.

Dabei gibt es zwei grundsätzliche Varianten: Entweder wird die Pumpe mit einem Elektromotor betrieben und die intermittierende Druckaufbau durch ein danach angebrachtes Umschaltventil erzeugt, oder die Pumpe wird pneumatisch über einen Taktbetrieb gesteuert, sodass der Druckaufbau über den Luftdruck gesteuert wird. Die Pumpe wird hierbei mit Druck beaufschlagt und ein Kolben verfährt, sodass eine bestimmte Menge an Schmierstoff in die Leitungen gepumpt werden. [12]

Weiterverbreitet als einzelne Einleitungspumpen sind komplette Einleitungsaggregate wie in der Abbildung zu sehen.

Die von einem Drehstrommotor angetriebene Pumpe ist hier fest mit einem Behälter verbaut. Außerdem sind ein Füllstandsschalter und ein Befüllanschluss für den Behälter auf dem Deckel montiert. Der Kunde hat hier den Vorteil, dass das Aggregat einsatzbereit geliefert wird und nur noch an die Leitungen angeschlossen werden muss.

Dagegen kann der Hersteller diese Aggregate standardisieren und so günstiger produzieren, obwohl viele

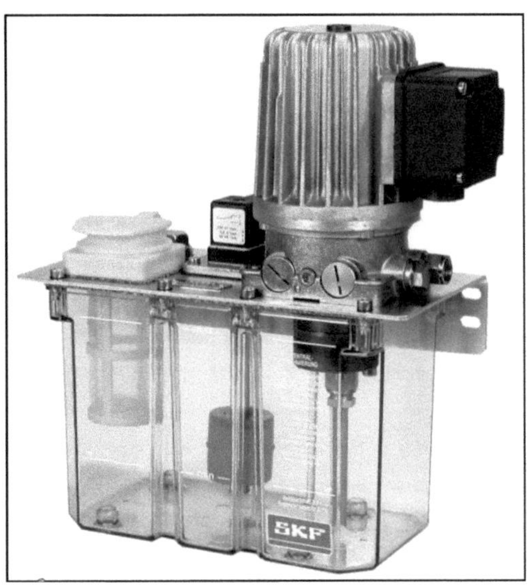

Abbildung 16: SKF Einleitungsaggregat MFE2 [23]

der einzelnen Komponenten flexibel auf den Kunden angepasst werden können (beispielsweise die Behältergröße und das Behältermaterial). Das MFE2 von SKF bietet eine Förderleistung von 0,2 Litern pro Minute bei einem Betriebsdruck von 20 bar für Fließfett der NLGI-Klasse „000" und „00". Der Behälter ist wahlweise aus Kunststoff oder Metall und fasst ein Volumen von 3,0 Litern.

Der Hersteller bietet neben dieser Einleitungspumpe auch viele andere an, die beispielweise mit leistungsfähigeren Pumpen, größeren und kleineren Behältern, anders ausgeführten Füllstandssensoren ausgestattet sind. Auch pneumatisch angetriebene Pumpen sind im Repertoire enthalten. [23]

Eine andere sehr weit verbreitete Pumpenart ist die Mehrleitungspumpe, da diese in verschiedenen Zentralschmiersystemen eingesetzt werden kann (Mehrleitungssystem, Progressivsystem, Zweileitungssystem).

Als Beispiel dient hier das Kolben-pumpenaggregat GMF-D von Eugen Woerner GmbH & Co. KG. Diese Mehrleitungspumpe wird angetrieben durch einen Elektromotor, hat bis zu 24 Auslässe und fördert mit einem Maximaldruck von 350 bar. Folglich können bis zu 24 Leitungen gleichzeitig mit Schmierstoff versorgt werden. Die Behältergrößen variieren zwischen 5 bis 30 Litern. Auch der im Bild erkennbare Füllstandsschalter, welcher oben am Deckel befestigt ist, ist mit verschiedenen Schaltpunkten ausführbar.

Die Besonderheit dieser Schmier-stoffpumpe ist die Regelung der Dosierungen der einzelnen Auslässe. Insgesamt sind drei verschiedene Fördervolumina pro Auslass möglich (0,08/0,15/0,22 cm^3 pro Kolbenhub).

Abbildung 17: Woerner Kolbenpumpenaggregat GMF-D [18]

Diese Dosierungen sind im Nachhinein auch veränderbar, da der Pumpvorgang in den austauschbaren Pumpelementen stattfindet. Diese werden in die Auslassöffnungen eingeschraubt und über eine Feder an die in der Pumpe angetriebene Exzenterwelle gepresst. Durch die Exzentrizität der Welle wird pro Umdrehung ein Kolbenhub im Pumpenelement ausgeführt.

Dies bringt dem Benutzer eine enorme Flexibilität, da völlig unabhängig vom Rest des Systems Leitungen hinzugefügt oder verschiedene Dosierungen ausgetauscht werden können. Auch lassen sich die kompakten Pumpenelemente einlagern, um so gegen einen etwaigen Ausfall einzelner Elemente gewappnet zu sein.

Diese Konstruktionsweise wird auch von vielen anderen Anbietern angewendet. [24]

Die Möglichkeit als Betreiber, selbstständig schnell auf Störungen reagieren zu können ist in der Schmiertechnik von herausragender Bedeutung, da ohne das Schmiersystem ganze Produktionsstraßen stillgelegt sind.

Die letzte hier vorgestellte Pumpenart wird in großen Umlaufanlagen verwendet.
Bei den großen Mengen an Schmierstoff, welche hier benötigt werden, stoßen die herkömmlichen Kolbenpumpen an ihre Leistungsgrenzen.
Meist werden hier die oben beschriebenen rotierenden Verdrängerpumpen wie Zahnradpumpen oder Schraubenspindelpumpen verwendet.

Die Zahnradpumpen von SKF der Baureihe UD sind in ihrer leistungsstärksten Ausführung in der Lage bis zu 36 Liter pro Minute bei einem Betriebsdruck von 45 bar zu fördern. Die Montage beschränkt sich darauf, die Saug- und Förderleitung anzuschließen, die Pumpe auf einem festen Untergrund zu montieren und den Elektromotor anzuschließen. Die Bauweisen der Zahnradpumpen der verschiedenen Hersteller variieren kaum, es sind lediglich feine Unterschiede in den Spezifikationen zu erkennen. [25]

Abbildung 18: SKF Zahnradpumpe DU [25]

Abschließend bleibt bei den Schmierstoffpumpen zu sagen, dass es auf dem Markt unzählige Varianten für jedes erdenkliche Einsatz- und Anwendungsgebiet gibt. Viele Hersteller sind auch auf verschiedene Pumpentypen spezialisiert. Trotzdem ist der Grundaufbau vieler Pumpentypen auch von unterschiedlichen Herstellern gleich.
Gerade die Mehrleitungspumpen ähneln sich doch zumindest in der Funktionalität sehr stark.
Es ist außerdem die herausragende Stellung am Markt des global agierenden Konzerns SKF erwähnt. Durch den Aufkauf diverser anderer Hersteller von Zentralschmieranlagen, unter anderem die Willy Vogel AG und Lincoln Industrial, wurde hier in den letzten Jahren eine marktführende Position auch für die nächsten Jahre sicher etabliert.

4.2. Schmierstoffverteiler

Die Schmierstoffverteiler sind ebenfalls ein sehr wichtiger Bestandteil einer jeden Zentralschmieranlage. Abgesehen von einem klassischen Mehrleitungssystem werden sie überall verwendet, sobald mehrere Schmierstellen mit einer Anlage versorgt werden sollen.

Ein Schmierstoffverteiler dient der Dosierung und Verteilung eines Schmierstoffstroms zu den Schmierstellen hin.
Die Verteiler werden nach ihrer Funktion unterschieden, es existieren verschiedene Verteilertypen.
Der Einleitungsverteiler besteht aus einem oder mehreren Einleitungsverteilerelementen, zu deren Funktion eine Druckbeaufschlagung und anschließende Entlastung der Hauptleitung notwendig ist.
Dagegen ist für die Funktion eines Zweileitungsverteilers eine wechselseitige Druckbeaufschlagung beider Hauptleitungen notwendig.
Der Progressivverteiler ist definiert durch die fortschreitende (progressive), festgelegte Reihenfolge, mit welcher die Schmierstellen mit Schmierstoff versorgt werden.
Als letzte Verteilerart existieren die Drosselverteiler, welche aus zwei oder mehreren Drossel- oder Stromregelventilen bestehen. [12]

Während Einleitungs- und Zweileitungsverteiler nur explizit in den davor vorgesehenen Schmiersystemen eingesetzt werden können, sind die Progressiv- und Drosselverteiler für mehrere Verfahren geeignet. Die anderen beiden Verteilertypen benötigen haben keine speziellen Voraussetzungen an den Druckaufbau und können daher meist universell eingesetzt werden.
Wie genau die Verteiler funktionieren wird nur am Beispiel des Progressivverteilers erklärt werden. Zwar gibt es feine Unterschiede zwischen den Funktionsweisen, jedoch sind sich diese im Prinzip ähnlich. Alle Bauteile in ihrer Funktion zu beschreiben würde den Rahmen dieser Arbeit sprengen.

4.2.1. Einleitungsverteiler

Wie schon bei der Vorstellung des Einleitungssystems beschrieben existieren zwei unterschiedliche Einleitungsverteilervarianten.
Vorschmierverteiler werden eingesetzt, wenn der Schmierstoff der Schmierstelle sofort zugeführt werden muss. Gerade bei langen Leitungen und hohen Gegendrücken kann so eine zuverlässige Schmierung gewährleistet werden, da der Ausschiebedruck ungefähr dem Druck in der Hauptleitung entspricht.

Im Gegensatz dazu verhindert ein Nachschmierverteiler Druckstöße an der Schmierstelle und fördert den Schmierstoff langsamer. Dabei ist die Förderzeit des Nachschmierverteilers abhängig vom herrschenden Gegendruck, was dazu führt, dass der Schmierstoff erst im Verteiler gespeichert und erst dann transportiert wird, wenn der Gegendruck sinkt. So werden die Schmierstellen erst bei Bewegung beziehungsweise Entlastung geschmiert.

Äußerlich ähneln sich beide Verteilertypen, der unterschiedliche Ausschiebezeitpunkt wird über die Bauweise im Innern bestimmt.

Für den Betreiber einer Zentralschmieranlage ist die äußerliche Ausführungsart entscheidender.

Die Einleitungsverteiler der MonoFlex-Baureihe von SKF können Schmierstoffmengen von minimal 0,01 bis maximal 1,5 cm³ bei Betriebsdrücken von 8 bis 315 bar und Entlastungsdrücken von 1 bis 70 bar dosieren.

In der rechten Abbildung ist ein Einleitungsverteiler mit festem Grundkörper zu sehen. Die Hauptleitung wird unten links und unten rechts angeschlossen, die Leitungen zu den Schmierstellen oben.

Abbildung 19: SKF MonoFlex Einleitungsverteiler [26]

Die Dosiermengen können hier zwar ausgetauscht werden, jedoch ist die Anzahl der abgehenden Schmierstellenleitungen durch den Grundkörper fest vorgegeben.

Anders sieht es aus bei diesem Einleitungsverteiler: Die Dosierung des Schmierstoffs findet hier in abnehmbaren Dosierelementen statt, welche auf einen Grundkörper montiert werden. Durch die Montage von Blindelementen ist das System erweiterbar, falls später noch Schmierstellen hinzukommen,

Abbildung 20: Woerner Einleitungsverteiler VEB-D [27]

außerdem lassen sich die Dosierungen austauschen. Ein weiterer Vorteil ist, dass bei einer Störung des Verteilers meist nur einzelne, günstige Elemente, welche auf Lager gelegt werden können, ausgetauscht werden müssen. So kann die Störung behoben werden, bevor die gesamte Maschine stillgelegt werden muss.

Natürlich ist ein solcher Verteiler teurer in der Anschaffung als der oben gezeigte.
[12] [26] [27]

4.2.2. Zweileitungsverteiler

Ebenso wie viele andere Komponenten werden die Zweileitungsverteiler in einfacher, günstiger Ausführung und in komplexerer, teurer Ausführung angeboten.

Die sogenannte Blockbauweise der Verteiler steht hier für Ersteres. Dabei bestehen die Verteiler nur aus einem Block mit bestimmtem Bohrmuster, die Dosierungen werden bis zu einem gewissen Grad über Einstellschrauben oder allgemein durch die Kolbendurchmesser realisiert.

Als Beispiele dienen hier die Zweileitungsverteiler vom Typ BW und BX von BEKA.

Beide arbeiten mit einem Maximaldruck von 400 bar und sind in Ausführungen mit bis zu acht Auslässen erhältlich. Die Dosiervolumen belaufen sich auf minimal 0,3 bei Ausführung BW und minimal 0,2 bei Ausführung BX bis maximal 1,5 cm³ pro Hub.

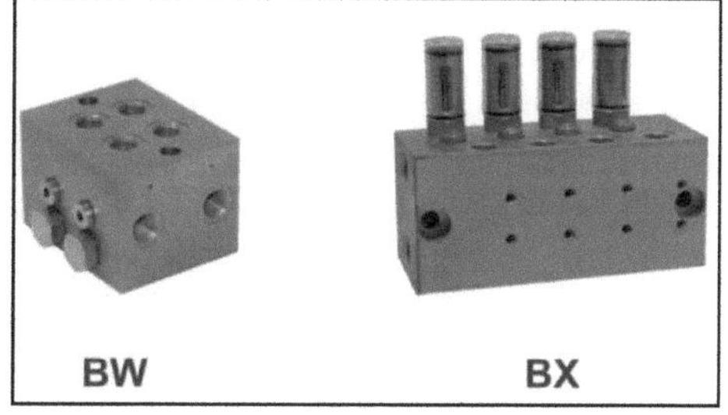

Abbildung 21: BEKA Zweileitungsverteiler BW und BX [28]

Die Unterschiede sind für die Bedienung bedeutend. Während beim BW-Verteiler zum Ändern der Dosierung neue Dosierschrauben nötig sind (im Bild als Sechskant erkennbar), lassen sich beim BX mittels der herausstehenden Einstellschrauben die Dosiervolumina stufenlos einstellen. Auch lässt sich der BX sehr einfach durch einen Anzeigestift, welcher am Kolben befestigt wird, überwachen.

Trotzdem lassen sich große Veränderungen an beiden Verteilern kaum durchführen. Sollte beispielsweise eine neue Schmierstelle hinzukommen, muss ein neuer Verteiler angeschafft werden.

Beim Zweileitungsverteiler UXZ vom selben Hersteller wurde die sogenannte Scheiben- oder Elementbauweise angewendet. Es werden jeweils zwei Auslässe in einem Scheibenelement mit festem Dosiervolumen untergebracht. Diese können frei kombiniert werden und ein Verteiler kann aus bis zu 10 solchen Scheiben bestehen. Bei Störung eines Elements kann nun einfach dieses ausgetauscht werden, es muss nicht der ganze Verteiler langwierig

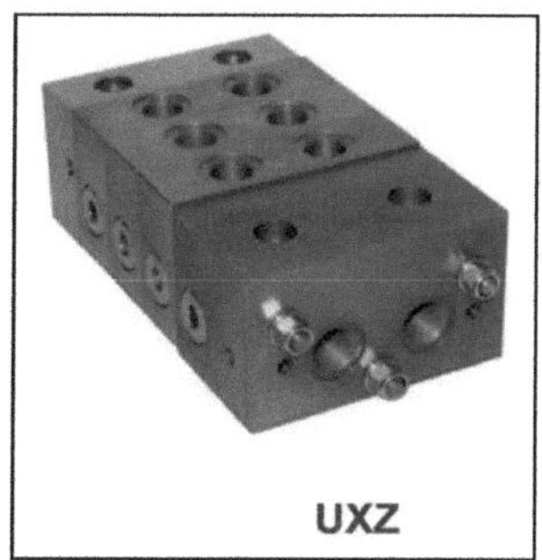

Abbildung 22: BEKA Zweileitungsverteiler UXZ [28]

zurück zum Hersteller geschickt werden.

Bei ansonsten ähnlichen Spezifikationen ist diese Ausführung deutlich teurer, ermöglicht aber dem Betreiber ein schnelles Handeln im Störungsfall. Dies ist in vielen Fällen deutlich günstiger als die Mehrkosten in der Anschaffung. [28]

4.2.3. Progressivverteiler

Die Ausführungen der Progressivverteiler ähneln denen der Zweileitungsverteiler. Aufgrund des größeren Anwendungsspektrums sind noch mehr Varianten der Progressivverteiler auf dem Markt erhältlich.
Neben den klassischen Blockverteilern existieren auch sogenannte Plattenverteiler, die von den Zweileitungssystemen bekannten Scheibenverteiler und aus einzelnen Dosierelementen bestehenden Segmentverteiler.
Diese bieten dem Betreiber der Zentralschmieranlage je nach Modell verschiedene Vorteile.

Besonderer Wert wird bei den Progressivsystemen auf die Möglichkeit gelegt, einzelne Auslässe zusammenzufassen. Dies ist wichtig, da die Dosiergrößen der Kolben vom Hersteller auf verschiedene Werte festgelegt ist und nicht willkürlich gewählt werden kann. Da die Schmierstelle aber eine bestimmte Menge an Schmierstoff benötigt, muss diese Menge über die Verhältnisse der Dosierungen von Haupt- und Unterverteiler realisiert werden. Daher müssen die Einzelauslässe leicht zusammenfassbar sein, um durch die Addition der Schmiermengen einzelner Kolben letztlich auf die richtige Menge an Schmierstoff zu kommen.

Auch eine einfache und zuverlässige Überwachung spielt bei den Progressivverteilern eine Rolle. Durch die festgelegte Reihenfolge der Auslässe muss nur ein Auslass beziehungsweise ein Kolben überwacht werden, um sicherzustellen, dass alle Auslässe fördern. Andersherum gesagt: Blockiert ein Kolben, fördert der Verteiler an keinem Auslass.
Dieses Verhalten wird nun genutzt, um den ganzen Schmierprozess mithilfe einiger weniger Sensoren zu überwachen und zu steuern.

Im Folgenden soll nun erklärt werden, wie genau ein Progressivverteiler funktioniert. Dies wird anhand von schematischen Abbildungen verdeutlicht. Die allgemeine Funktionsweise gilt für alle Progressivverteilerarten und ist damit unabhängig von deren Bauweise.

In der Ausgangposition befinden sich alle Kolben am rechten Anschlag und der ganze Verteiler ist mit Schmierstoff gefüllt. Über die Hauptleitung gelangt nun weiterer Schmierstoff (rot eingefärbt) in den Verteiler, wandert dort durch den gesamten Aufbau zurück zum ersten Kolben (I). Dieser wird nun nach links verschoben und verkleinert den Druckraum.

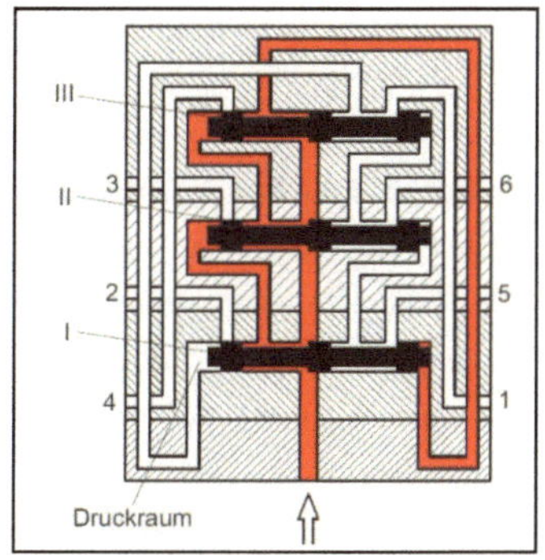

Abbildung 23: Funktionsweise des Progressivverteilers Teil A [30]

Durch die Verkleinerung des Druckraums aus Abbildung 23 wird nun Schmierstoff durch die hier blau markierte Leitung zum ersten Auslass (1) gefördert. Der erste Kolben (I) macht dabei zusätzlich den Weg zur rechten Seite vom zweiten Kolben (II) frei. Dadurch wird nun dieser mit Druck beaufschlagt, bewegt sich hin zum linken Anschlag und stößt am zweiten Auslass (II) Schmierstoff aus. Anschließend wird auch der dritte Kolben (III) nach demselben Prinzip zum linken Anschlag befördert, wobei entsprechend am dritten Auslass (3) Schmierstoff ausgestoßen wird.

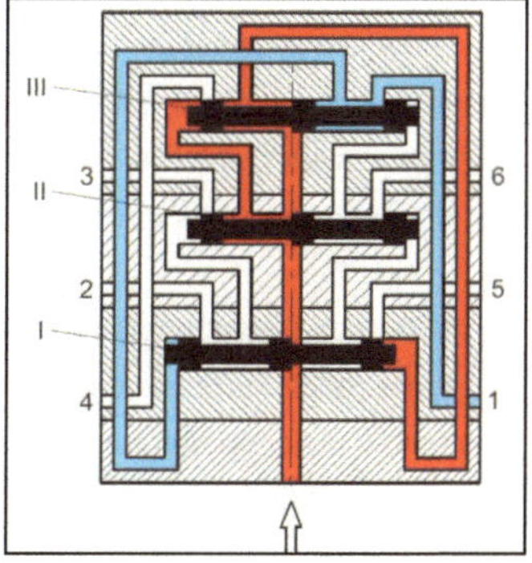

Abbildung 24: Funktionsweise des Progressivverteilers Teil B [30]

Wenn sich alle Kolben auf der linken Seite befinden, steht Druck an der linken Seite der ersten Kolbens (I) an. Dadurch wird dieser wieder in seine rechte Ausganglage befördert und stößt Schmierstoff am vierten Auslass (4) aus. Anschließend werden auch Kolben (II) und Kolben (III) wieder in ihre Ausganglage gebracht, wobei entsprechend an Auslass (5) und Auslass (6) Schmierstoff ausgestoßen wird.

Danach kann ein neuer Umlauf des Progressivverteilers erfolgen.

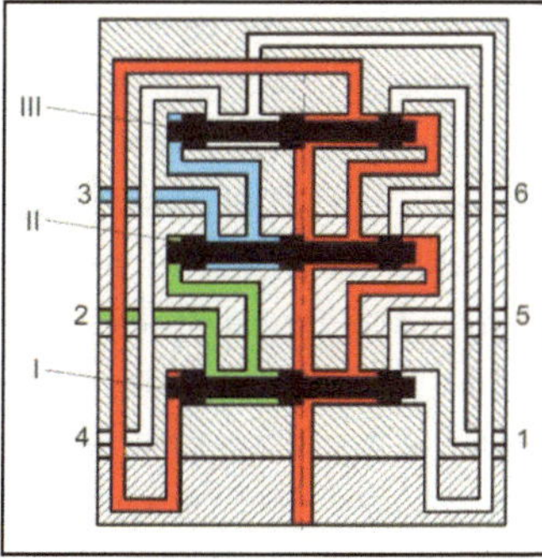

Abbildung 25: Funktionsweise des Progressivverteilers Teil C [30]

Der Blockverteiler eines Progressivsystems bietet in etwa die Funktionalität eines Zweileitungsblockverteilers. Kompakte Außenmaße und ein günstiger Preis sind die Vorteile dieser Verteilerart. Auffällig sind nur die im Vergleich zum Zweileitungsverteiler verschiedenen Ein- und Ausgänge der Leitungen. Es gibt logischerweise nur einen Eingang für die Hauptleitung und die Ausgänge sind seitlich am Verteiler angebracht.

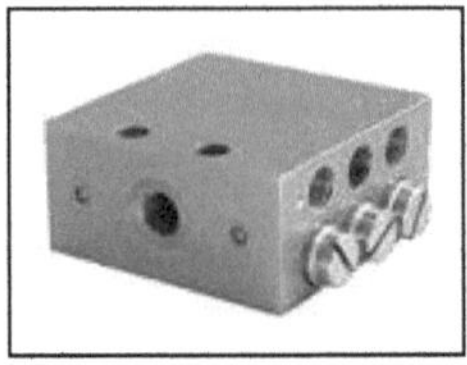

Abbildung 26: SKF Progressivblockverteiler VPB [29]

Die VPB-Verteiler arbeitet mit einem Maximaldruck von 200 bar bei Öl und 300 bar bei Fett und dosiert mit 0,2 cm^3 pro Hub. Die kleinste Ausführung besitzt drei Auslässe auf jeder Seite, die größte zehn Auslässe.

Andere Hersteller bieten ihre Blockverteiler mit verschiedenen Dosierungen an. Dann wird ein Kolben mit anderem Durchmesser verbaut, was beispielsweise mit einer farblichen Markierung am Auslass gekennzeichnet wird.

Trotzdem lassen sich die verschiedenen Dosiervolumina hier nicht nachträglich tauschen. Bei einem Defekt muss meist der ganze Verteiler ausgetauscht werden.

Auch die aus Scheibenelementen aufgebauten Progressivverteiler unterscheiden sich nur durch die bei den Blockverteilern genannten Unterschiede von den Zweileitungsverteilern.

Betrachtet man die Angebote an Progressivverteilern auf dem Markt fällt auf, dass die Hersteller sich oftmals zwischen Platten- oder Scheibenverteilern entscheiden. Entweder befinden sich Plattenverteiler im Produktportfolio eines Herstellers oder Scheibenverteiler.

Dies lässt sich damit begründen, dass beide den Kompromiss zwischen voller Flexibilität und Anwendungskomfort und relativ günstigem Preis bilden. Bei Plattenverteilern wird der Blockverteiler in eine Grund- und eine Dosierplatte aufgeteilt.

Die Grundplatte ist dabei bei jedem Verteiler gleich, die Dosierplatte beinhaltet die Kolben und ist je nach Dosierung unterschiedlich. Fällt nun ein Kolben aus, muss nur die entsprechende Dosierplatte ausgetauscht werden, um den Verteiler wieder betriebsbereit zu machen. In Abbildung 27 ist außerdem eine

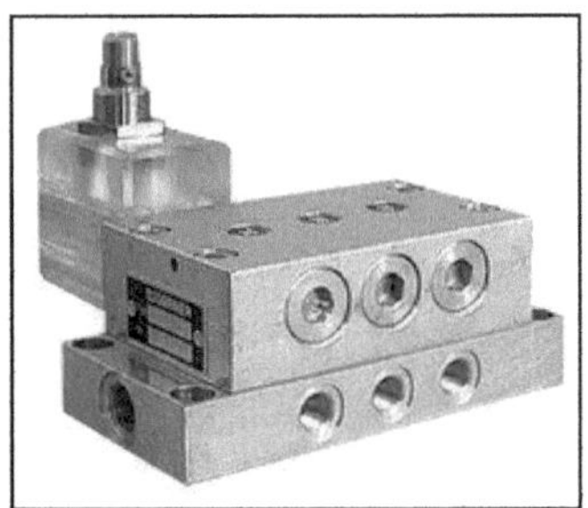

Abbildung 27: Woerner Plattenprogressivverteiler VPA-B [31]

Überwachungseinheit zu erkennen, mit der sich der Verteiler überwachen lässt.

Die High-Tech-Variante eines Progressivverteilers ist der sogenannte Segmentverteiler. Dieser besteht ebenfalls aus einer Grundplatte, besitzt aber anstatt einer Dosierplatte für alle Auslässe viele verschiedene Einzelsegmente. In jedem dieser Segmente befindet sich ein Kolben und damit ein spezifisches Dosiervolumen.

Die Volumina können nachträglich durch das Einsetzen anderer Segmente

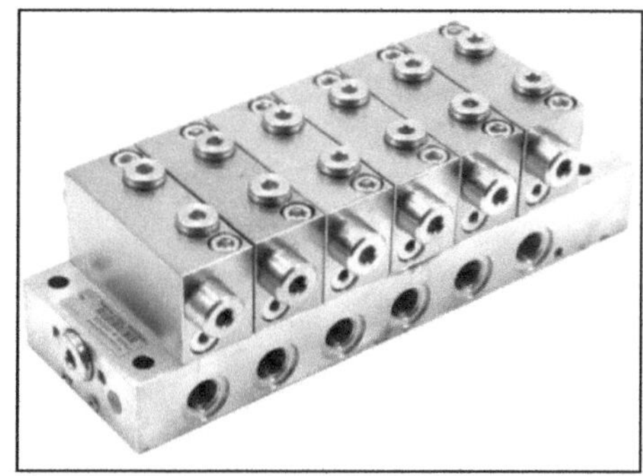

Abbildung 28: SKF Segmentverteiler PSG2 [32]

ausgetauscht werden. Auch eine Erweiterung um diverse Schmierstellen ist möglich, sofern bei der Anschaffung der Verteiler mit Blindelementen (Segmente, die nur die Funktion des Verteilers gewährleisten, jedoch kein Schmierstoff zum Auslass fördern) versehen wurde.

Auch die Wartung ist hier im Vergleich zu den anderen Verteilern sehr viel günstiger, da im Störfall meist nur einzelne Segmente ausgetauscht werden müssen.

Abschließend bleibt bei den Verteilern zu sagen, dass sich am Markt eine klare Struktur erkennen lässt. Die Varianten sind gestaffelt nach dem Preis und entsprechend der Flexibilität, welche sie dem Betreiber der Zentralschmieranlage bieten. [29] [30] [31] [32]

4.2.4. Weitere Komponenten

Die bisher genannten Komponenten können als die wichtigsten einer Zentralschmieranlage bezeichnet werden.

Trotzdem gibt es noch viele weitere Bauteile in einer solchen Anlage, was auch der Vielfalt der Zentralschmieranlagen an sich geschuldet ist. Auf diese kann aufgrund des begrenzten Umfangs dieser Arbeit nicht weiter eingegangen werden, jedoch sollen noch ein paar weitere Beispiele aufgeführt werden.

Die Schmierstoffleitungen werden beispielsweise in jeder Zentralschmieranlage verbaut. Meist bestehen diese aus Stahl oder Edelstahl. Die Durchmesser beeinflussen die Strömungsgeschwindigkeit und den Leitungsreibwiderstand, sodass die Leitungen und die Leitungslängen im Einklang mit der Pumpenleistung stehen müssen. Anstatt den normalerweise verwendeten Rohren gibt es auch spezielle Hochdruckschläuche, die den Vorteil bieten, dass sie flexibel sind.

Auch verschiedene Arten von Sensorik wird in jeder Zentralschmieranlage eingesetzt. Diese erfassen verschiedene Daten, wie die Umläufe der Verteile, den Füllstand eines Behälters, die Temperatur des Schmiermediums, die Durchflussmenge in den Leitungen und vieles mehr.

Zur Überwachungstechnik gehört natürlich auch entsprechende Auswerte- und Steuereinheiten. Diese verarbeiten die erfassten Daten weiter und geben sie aus oder steuern die Zentralschmieranlage dann selbstständig.

Komponenten, die nur in bestimmten Systemen eingesetzt werden, sind beispielsweise die Umschaltgeräte bei Zweileitungsanlagen oder Doppelfiltereinheiten bei Drosselanlagen.

5. Abschließende Betrachtung

Zentralschmieranlagen gibt es in so vielen verschiedenen Varianten und Ausführungen, dass von einer bestimmten Schmiereinrichtung hier kaum die Rede sein kann.

Durch die Gliederung in verschiedene Schmiersysteme ergibt sich eine Struktur, auf Basis derer die Verständigung von Hersteller und Betreiber deutlich vereinfacht wird.

Jedoch kann diese Gliederung in der Praxis einsatz- und anwendungsbedingt nicht strikt eingehalten werden. Die Grenzen zwischen den Schmiersystemen verschwimmen, da explizit für eine zu schmierende Maschine eine bestimmte Lösung konstruiert wird.

Gerade bei größeren Zentralschmieranlagen kommt es daher auf das Know-How und die Erfahrung der Hersteller an. Durch kompetente Beratung und Auslegung der Zentralschmieranlage durch diese, bei der auch Wert auf einfache Bedienung gelegt wird, wird dem Betreiber viel Arbeit erspart.

Der Markt für die einzelnen Komponenten der Zentralschmieranlagen unterliegt einer klaren Systematik. Höhere Flexibilität und größerer Komfort was die Bedienung der Schmieranlage betrifft gehen mit einem höheren Investitionseinsatz einher. Dies folgt aus dem Gedankengang, dass ein Stillstand der Maschine beim Ausfall der Zentralschmieranlage sehr viel teurer ist als die Mehrkosten bei der Erstanschaffung der Schmiertechnik selbst.

Weiter ist ein Trend hin zu vernetzter Schmierung im Zuge der Industrie 4.0 zu erkennen. Immer öfter wird Wert auf erweiterte Schmiersystemüberwachung und -steuerung gelegt.

Durch intensivere Datenerfassung lassen sich Schmierzyklen dann optimieren und der Verschleiß minimieren.

Man entfernt sich von der Schmierung nach einem bestimmten Zeitintervall oder nach bestimmten Arbeitszyklen und konzentriert sich verstärkt auf die tatsächlich herrschenden Bedingungen in der Schmierstelle. Beispielsweise durch Bewegungs-, Belastungs- und Temperaturerfassung lässt sich ein Lager sehr viel effizienter schmieren als durch reine Zeitintervalle.

Quellenverzeichnis

[1] Fritsche GmbH & Co. KG; „Online im Internet",
http://www.fritsche-gmbh.de/de/tribologie (Abfrage am 14.09.2016)

[2] BMFT Report: Damit Rost und Verschleiß nicht Milliarden fressen. , Bundesministerium
für Forschung und Technologie (Bonn 1983)

[3] Gesellschaft für Tribologie e.V.; „Online im Internet",
http://gft-ev.de/?page_id=60 (Abfrage am 14.09.2016)

[4] Horst Czichos, Karl-Heinz Habig: Tribologie-Handbuch, 3.Auflage,
Vieweg + Teubner Verlag 2010

[5] : Karl-Heinrich Grote, Jörg Feldhusen: Dubbel: Taschenbuch für den Maschinenbau,
23.Auflage, Springer Verlag Berlin 2011

[6] BS-Wiki; „Online im Internet",
http://www.bs-wiki.de/mediawiki/images/Gleitfl%C3%A4chen.jpg (Abfrage am 15.09.2016)

[7] BS-Wiki; „Online im Internet",
http://www.bs-wiki.de/mediawiki/images/Schmierfilm1.jpg (Abfrage am 15.09.2016)

[8] Karl Sommer, Rudolf Heinz, Jörg Schöfer: Verschleiß metallischer Werkstoffe,
2. korrigierte und ergänzte Auflage, Springer Vieweg Wiesbaden 2014

[9] Gesellschaft für Tribologie e.V.: Arbeitsblatt 7 – Tribologie Definitionen, Begriffe, Prüfung ,
Ausgabe August 2002

[10] Chemie.de; „Online im Internet",
http://www.chemie.de/lexikon/Schmierverfahren.html (Abfrage am 27.09.2016)

[11] „Einteilung von Zentralschmieranlagen",
Nicolas Reif, erstellt mit DraftSight am 09.11.2016

[12] Deutsches Institut für Normung e.V.: DIN 24271-1: 2010-10: Zentralschmiertechnik –
Begriffe – Teil 1: Einteilung, Berlin 2010

[13] Gesellschaft für Tribologie e.V.: Arbeitsblatt 9 – Schmiersysteme ,
Ausgabe Oktober 2015

[14] DELIMON GmbH; „Online im Internet",
http://www.bijurdelimon.com/de/germany/technik-1x1/einleitungs-systeme.html (Abfrage am
16.11.2016)

[15] DELIMON GmbH; „Online im Internet",
http://www.bijurdelimon.com/de/germany/technik-1x1/zweileitungs-systeme.html (Abfrage am
16.11.2016)

[16] DELIMON GmbH; „Online im Internet",
http://www.bijurdelimon.com/de/germany/technik-1x1/mehrleitungs-systeme.html (Abfrage
am 17.11.2016)

[17] DELIMON GmbH; „Online im Internet",
http://www.bijurdelimon.com/de/germany/technik-1x1/progressivschmier-systeme.html
(Abfrage am 17.11.2016)

[18] Eugen Woerner GmbH & Co. KG; Präsentation „Produktvorstellung" (01.09.2016)

[19] Eugen Woerner GmbH & Co. KG; Öl-Umlaufanlage (Abgerufen am 23.09.2016)

[20] DELIMON GmbH; Systembeschreibung Öl-Umlaufschmieranlagen (Broschüre X 50 P
1_D/ 3 02 2000HF)

[21] SKF GmbH; „Online im Internet",
http://www.skf.com/de/products/lubrication-solutions/lubrication-systems/circulating-oil-
lubrication-systems/index.html (Abfrage am 26.11.2016)

[22] BAIER + KÖPPEL GmbH + CO; Grundlagen – Einteilung der Zentralschmieranlagen
(Broschüre 02-1-10-04 Stand: 01.07D)

[23] Industrie-Hydraulik Vogel & Partner GmbH; „Online im Internet",
https://www.vogel-zentralschmierung.de/mfe2-fliessfett-einleitungspumpe (Abfrage am
27.11.2016)

[24] Eugen Woerner GmbH & Co. KG; Datenblatt P9002DE (Abfrage am 27.09.2016)

[25] SKF GmbH; Datenblatt „Zahnradpumpenaggregat UD und UC" (1-3019-DE)

[26] SKF GmbH; Datenblatt „Schmierstoffverteiler Produktreihe AB" (1-5001-DE) Oktober
2016

[27] Eugen Woerner GmbH & Co. KG; Datenblatt P0040DE (Abfrage am 27.09.2016)

[28] BEKA Nederland B.V.; Zweileitungs-Zentralschmieranlagen (Broschüre 05-2-10-08
Stand: 09.14DE)

[29] SKF GmbH; „Online im Internet",
http://www.skf.com/de/products/lubrication-solutions/lubrication-system-
components/lubricant-metering-devices/progressive-metering-devices/block-metering-
devices/vpb/index.html (Abfrage am 01.12.2016)

[30] BEKA; Datenblatt „Progressivverteiler MX-F" (PU4010011112DE), 2012
(Abfrage am 04.12.2017)

[31] Eugen Woerner GmbH & Co. KG; „Online im Internet",
http://www.woerner.de/w1/produkt.htm!OpenForm&M=Produkte&N=Lieferprogramm&K=Vert
eiler&O=Progressivverteiler&P=VPA-B&L=DE (Abfrage am 05.12.2016)

[32] Sinntec Schmiersysteme GmbH; „Online im Internet",
http://www.schmieranlagen.com/segmentverteiler-psg2.html (Abfrage am 05.12.2016)